Zur Beachtung!

Es empfiehlt sich **in der rassenkundlichen Schausammlung** (Anthropologische Sammlung, Untergeschoß, Nordseite, Saal 2) **zuerst die obere Abteilung** (Balkon), dann erst die untere Abteilung anzusehen. Diese Reihenfolge entspricht dem Gedankengang der Aufstellung.

Einführung in die Rassenkundliche Abteilung

Hamburgisches Museum für Völkerkunde

Einführung in die
Rassenkundliche Abteilung

Von

Prof. Dr. Walter Scheidt
Abteilungsvorsteher

Hamburg
Friederichsen, de Gruyter & Co. m. b. H.
1928

Wer die kulturellen Leistungen der Völker betrachtet, darf dabei auch die Menschen nicht vergessen, welche Schöpfer und Träger der Kulturen sind. Denn das, was man Kultur nennt, erhält seine von Volk zu Volk verschiedene Eigenprägung nur zum Teil durch Unterschiede der modelnden Umwelt, zum anderen Teil aber — und vielfach in entscheidender Weise — durch Unterschiede in der erblichen Veranlagung der Menschen.

Was versteht man unter „modelnden" Einflüssen der Umwelt und wie verhalten sich diese Einflüsse zu den erblichen Anlagen?

Diese grundlegend wichtige Frage ist eine Kernfrage der Völkerbiologie, jener Wissenschaft, welche die Gesetzmäßigkeiten in den Lebenserscheinungen der Völker untersucht. Biologisch oder „lebensgesetzlich" betrachtet sind Unterschiede im Aussehen und Verhalten der Menschen oft recht verschieden aufzufassen. Man stelle sich zum Beispiel drei Männer vor, deren einer groß gewachsen, etwa 175 cm groß sei, während die beiden anderen klein, etwa beide 160 cm groß sein sollen. Der Unterschied beträgt dann zwar in jedem Fall 15 cm, aber es wäre möglich, daß der eine von den beiden kleinen Männern durch ungünstige Lebensbedingungen während seines Wachstums (mangelhafte Ernährung, ungünstige Lebensweise und Beschäftigung, Krankheiten u. s. f.) daran „gehindert" worden wäre, eine stattlichere Körpergröße zu erreichen, ohne daß er doch andere Erbanlagen hatte als der großgewachsene Mann. Der Unterschied würde also in diesem Fall durch modelnde Umwelteinflüsse[1]) zustande gekommen sein. Der andere von den beiden kleineren Männern könnte dagegen unter durchaus günstigen Umweltverhältnissen aufgewachsen sein, die Körpergröße von 160 cm aber deshalb nicht überholt haben, weil er anlagemäßig kleinwüchsig wäre, also z. B. von erbmäßig kleinwüchsigen Eltern herstammte. In diesem letzteren Fall würde demnach derselbe Unterschied von 15 cm Körpergröße ganz anders zu erklären sein. Im Hinblick auf die Erbanlagen wäre der großwüchsige Mann von dem nur durch moddelnde Umwelteinflüsse klein gebliebenen Mann gar nicht verschieden.

Nicht anders verhält es sich mit seelischen Lebensäußerungen. Wenn jemand keine Handfertigkeit zeigt, so ist es möglich, 1. daß er nicht dazu veranlagt ist, 2. daß die Anlagen zwar vorhanden aber nicht ausgebildet, nicht entwickelt, nicht geübt worden sind. Ein Mensch, der sich musikalisch nicht betätigt, kann erbmäßig unmusikalisch sein oder die musikalischen Anlagen, aus Mangel an Anregung, Belehrung, Erziehung nicht zu benützen verstehen. Es gibt anlagemäßig verschiedene Formvorstellungen, Denkrichtungen, Verhaltensweisen aller Art. Den äußerlichen Unterschieden kann man aber meist nicht ohne weiteres

[1]) Vgl. Tafel VII der rassenkundlichen Schausammlung.

ansehen, wieviel davon erbbedingt, wieviel durch die modelnde Umwelt verursacht ist.

Die biologische Betrachtungsweise forscht deshalb nach den Ursachen. Sie begnügt sich nicht mit einer Schilderung der Menschen, ihres Aussehens und Verhaltens, sondern fragt nach Aussehen und Verhalten der Eltern und der Kinder, der Vorfahren und der Nachkommen, um herauszufinden, was sich von Generation zu Generation wiederholt und wie es sich wiederholt. Die Erblichkeitslehre[1]) ist deshalb die erste und wichtigste Grundlage der Völkerbiologie. Erst die Kenntnis vom Erbgang bestimmter Eigenschaften macht es möglich, das Erbbedingte von dem durch modelnde Umwelteinflüsse Verursachten klar zu trennen. Denn die Ergebnisse modelnder Umwelteinflüsse vererben sich nicht. Sie lassen vielmehr die Erbmasse (die Summe der Erbanlagen) als solche unberührt. Sie entwickeln aus den Erbanlagen lediglich die körperliche Erscheinungsform und die seelische Verhaltensform der Menschen im Rahmen der erbmäßig gegebenen Möglichkeiten. Dabei ist es bald leichter, bald schwieriger, vom äußeren Schein auf die dahinterstehenden Erbanlagen zu raten. So kennt man z. B. keine modelnden Umwelteinflüsse, welche imstande wären bei einem Menschen mit den Erbanlagen für blaue Augen statt dieser braune Augen zu entwickeln. Dahingegen gibt es sicher viele, welche die anlagemäßig mögliche Längen-, Breiten- und Massenentwicklung des Körpers herabzusetzen

[1]) Vgl. Tafeln II—VI der rassenkundlichen Schausammlung.

vermögen. Aus einem erblich unmusikalischen Menschen wird keine Macht der Welt einen Musiker, aus einem mathematisch Unbegabten keine Erziehung einen guten Mathematiker machen. Aber Belehrung, Übung, Sitte, Brauch, Herkommen vermögen bestehende erbliche Unterschiede der Veranlagungen bis zu einem gewissen Grade, oft stark, zu verbergen, mit einem trügerischen Schein zuzudecken.

So spricht man in der Erblichkeitslehre von der Erscheinungsform (dem Erscheinungsbild) im Unterschied zu dem darin verborgenen Erbbild[1]). Obwohl nichts eigentlich Neues, hat diese Wissenschaft erst in den letzten dreißig Jahren wirklich exakter Forschung gezeigt, daß man das Erbmäßige bisher weit unterschätzte und den modelnden Einflüssen der Umwelt zu Unrecht eine viel größere Bedeutung zumaß, als ihr in Wirklichkeit zukommt. Man hat für eine ungeheure Zahl von Eigenschaften herausbekommen, wie sich die Anlagen (je ein Paar mindestens für ein Merkmal) bei den Kindern eines Elternpaares verteilen und wie diese Kinder demnach aussehen müssen (denn es handelt sich um Naturgesetze)[2]). Man hat auch erkannt, daß das ganze „Erscheinungsbild" (also der Körper und die geistige Verhaltensweise eines Menschen mit Ausnahme der in den Keimzellen enthaltenen Anlagen) gleichsam nur ein (der individuellen Entwicklung und dem individuellen Tod verfallenes) Anhängsel der Erbmasse ist, während die Erbmasse (kleinste Teilchen im Kern der Samen- und Ei-

[1]) Vgl. Tafel II der rassenkundlichen Schausammlung.
[2]) Vgl. Tafeln III—VI der rassenkundlichen Schausammlung.

zellen) allein durch Generationen hindurch erhalten wird, den gewissermaßen ewigen und unsterblichen Träger des Lebens darstellt[1]).

Wirklich „ewig und unsterblich“? Das ist vielleicht doch zuviel gesagt. Aber man könnte etwa sagen: mit der Möglichkeit ewigen und unsterblichen Daseins ausgerüstet. Denn die Erbanlagen sind nicht absolut unveränderlich und die Dauer ihrer Existenz (nach Generationen gezählt) hängt natürlich davon ab, ob sich ihre Träger, die mit den betreffenden Erbanlagen ausgestatteten Menschen, fortpflanzen oder nicht.

Zunächst die wichtigsten Tatsachen über die Veränderlichkeit von Erbanlagen[2]): Zahlreiche Beobachtungen, die sich bei dem in allen Ländern ungewöhnlich regen Betrieb der Erblichkeitsforschung fast täglich vermehren, haben gezeigt, daß Erbanlagen neu entstehen, bestehende Erbanlagen verändert oder auch ganz vernichtet werden können. Die Ursache dafür bilden zwar wiederum Umwelteinflüsse, aber man nennt sie ihrer besonderen Wirkung wegen erbändernde Umwelteinflüsse. Diese erbändernden Umwelteinflüsse unterscheiden sich von den modelnden Umwelteinflüssen grundsätzlich dadurch, daß ihre Wirkung richtungslos ist, während diejenige der modelnden Umwelteinflüsse in einer bestimmten Richtung verläuft. Ein Beispiel mag dies erläutern: Wird die Haut des menschlichen Körpers intensiver Sonnenbestrahlung ausgesetzt, so reichert sie bei den meisten Menschen alsbald Farbstoff an — sie

[1]) Vgl. Tafel I der rassenkundlichen Schausammlung.
[2]) Vgl. Tafel VIII der rassenkundlichen Schausammlung.

wird braun. Gleiche Stärke und Dauer der Bestrahlung wirkt immer in dieser und immer in der gleichen Weise. Sie wirkt selbstverständlich auch nur modelnd, ohne die Erbmasse zu verändern. Denn auch ein Mensch, der Zeit seines Lebens sonnengebräunt wäre, würde deshalb keine braunhäutigen Kinder erzeugen. Die Sonnenbestrahlung wird aber unter sonst gleichen Verhältnissen auch nichts anderes hervorbringen. Man kann also, (falls es sich nicht um einen abnorm reagierenden Menschen handelt) ohne weiteres die Bräunung der Haut bestimmt voraussagen, kann sie durch Sonnenbestrahlung willkürlich erzeugen. Unterschiede der Wirkung bestehen zwar nach dem Grad der Bräunung nicht aber in der Art der Wirkung. Ganz anders bei erbändernden Wirkungen. Solche — nämlich Veränderungen irgendwelcher Erbanlagen — können z. B. durch Radiumstrahlen oder durch Röntgenstahlen zwar auch willkürlich erzeugt werden, aber es ist nicht möglich bestimmte Erbänderungen zu erzielen. Man erhält vielmehr im Tierversuch bald stärkere, bald geringere Mißbildungen, Entwicklungshemmungen usw. der verschiedensten Art, ist aber selbst bei genauer Wiederholung derselben Versuchsanordnung nie imstande vorauszusagen, was für eine Erbänderung zustande kommen wird. Dasselbe ist nach der Lage der Dinge für die außerhalb des Versuches (spontan) entstehenden Erbänderungen mit Sicherheit anzunehmen.

Obwohl man bis jetzt nicht wenige erbändernde Umweltwirkungen als solche kennt, kann man vorläufig keineswegs sagen, ob erbändernde Wirkung bei diesem oder jenem Umwelteinfluß ausgeschlossen sei. Außerdem haben erbändernde Wirkungen je nach den Umständen auch — allenfalls sogar gleichzeitig — modelnde Wirkung. Aber diese modelnde Wirkung geht in keinem Fall mit der erbändernden Wirkung Hand in Hand. Es sind vielmehr verschiedene Dinge und man darf sich auch dadurch nicht verleiten lassen sie durcheinander zu bringen, daß es u. U. derselbe Stoff, derselbe Vorgang ist, der die verschiedenen Wirkungen auf Erbbild und Erscheinungsbild ausübt.

Würde eine Erbmasse niemals von Erbänderungen betroffen werden, so würde sie so lange „leben" können, als sie von Generation zu Generation weitergegeben wird. Nun haben aber Erbanlagen auf diesem Weg durch die aneinander geketteten Reihen von Menschenleben ihre Schicksale. Sie können z. B. irgendwo mit einem letzten Träger zugrunde gehen, wenn dieser Träger stirbt ohne sich fortgepflanzt zu haben; sie können sich durch Eheschließungen über Völker und Länder hin ausbreiten und können durch örtlichen Abschluß und durch Inzucht auf kleinen Raum zusammengedrängt werden; sie können im Vergleich zu anders beschaffenen Erbmassen in eine zahlenmäßige Übermacht gelangen und können zu einer Minderheit zusammenschmelzen, in hundert oder in neunhunderttausend von einer Million Menschen verhanden sein, das Typische oder die Ausnahme in der Erbbeschaffenheit eines Volkes darstellen — kurz, sie haben, jede eine für sich, eine G e s c h i c h t e, bunter und bewegter als jede andere Geschichte. Diese Geschichte vom Schicksal menschlicher Erbanlagen liest die wissenschaftliche Forschung aus dem Vergleich derjenigen Erbanlagen ab, welche in verschiedenen Zeiten und verschiedenen Völkern vorwiegen, dem Volk einer bestimmten Zeit sein erbmäßiges Gepräge geben. Und diese Forschung, menschliche Erbgeschichte oder Genetik genannt, ist der Inhalt der Anthropologie.

Geschichte im Sinn einer bloßen Beschreibung der Schicksale wäre aber noch nicht Genetik, d. h. noch nicht lebensgesetzliche Forschung. Das Lebensgesetz, das die scheinbare Wirrnis dieses tausendfältigen Geschehens wenigstens in den großen Zügen des Ablaufs beherrscht, tritt in den Erscheinungen der Anpassung hervor: ist, wie wir gesagt haben, das Schicksal der Erbanlagen von dem ihrer Träger abhängig, so wird andererseits das Schicksal dieser Träger weitgehend von ihren Erbanlagen bestimmt und die Lebensdauer von Erbanlagen (immer gemessen in Generationen) ist umso größer, je mehr diese Anlagen die Lebenstauglichkeit ihrer Träger erhöhen. Lebensuntaugliche Anlagen bringen den Träger in die Gefahr eines Unterganges ohne Nachkommen. Sie verwirken damit also ihren Tod in einer ähnlichen Weise, wie ein symbiotisch (mit einem anderen Lebewesen notwendig zusammen) lebendes Tier mit der Vernichtung seines Wirtstieres auch des eigenen Todes gewiß ist. Auf diese Weise erhält sich also im großen Ganzen das Lebenstaugliche. Da aber die Umwelt von Land zu Land und von Zeit zu Zeit eine andere ist, lassen die Verhältnisse hier dieses, dort jenes Erbanlagenmaterial bestehen und „wenn die Natur ungestört viele Zeugungen hindurch wirken kann, bringt sie jederzeit einen dauerhaften Schlag hervor, der Völkerschaften auf immer kenntlich macht.“

Mit den letztzitierten Worten hat Immanuel Kant vor mehr als hundertfünfzig Jahren eine für seine Zeit bewundernswerte Erkenntnis ausgesprochen. Wir von heute haben es viel leichter, weil uns die planmäßige Beobachtung exakter Naturforschung Beweise über Beweise für die grundlegende Bedeutung der anpassenden Auslese in die Hand gegeben hat. Wir wissen aber auch, wie verwickelt die Vorgänge der Auslese (d. h. der verhältnismäßig stärkeren Fortpflanzung) passendster Erbanlagen beim Menschen sind. Von zwei Hasen, die der Wolf jagt, wird der langsamere oder ungeschicktere gefressen, der schnellere, geschicktere entkommt. Von zwei Insekten, die sich vor dem Feind zu verbergen suchen, wird das unauffälligere größere Aussichten haben übersehen zu werden. Das ist richtig und es sind auch Beispiele für die Ausmerze untauglicher Anlagen. Aber die Verhältnisse beim Menschen sind weit verwickelter. Denn der Mensch hat nicht nur die Möglichkeit, sich auf hunderterlei Arten irgendwelchen lästigen „Leistungsforderungen“ einer Umwelt zu entziehen, er kann diese „Forderungen“ auch seinerseits entscheidend verändern.

Denkt man sich, etwa in der Frühzeit der Menschheitsgeschichte, ein Wohngebiet, das, an sich wohl geeignet, fruchtbar und gesund, mit guten Verkehrsbedingungen und schützenden Grenzen, aber mit heißem Klima, von einem Volk angetroffen worden wäre, dessen durchschnittliche Erbbeschaffenheit nicht geeignet war heißes Klima ohne Schaden zu ertragen, so gehört nicht viel dazu zu erraten, daß sich ein solches Volk gewiß nicht ohne Not in dieser Gegend angesiedelt hätte. Es hätte sich vielmehr, die Möglichkeit dazu vorausgesetzt, ein passenderes Wohngebiet gesucht. Solche Erscheinungen nennt man örtliche Siebung.[1]) Es sind gewissermaßen Wanderungsmittel zur Umgehung der (sonst drohenden) natürlichen Ausmerze. Man braucht sich aber nicht in Urzeiten zurückzudenken, um Beispiele örtlicher Siebungen zu finden. Es gibt auch heute noch genug davon. Zwar führt der Negerchauffeur seinen Kraftwagen in New York auch im kältesten Winter — weil er einfach einen Pelz dazu anzieht — und der Europäer schützt sich in der tropischen Kolonie mit modernsten Mitteln vor Hitze und Krankheit. Aber findet man etwa Menschen, deren stärkste Begabung ihr Handelsgeist ist, gewöhnlich in Einöden, geborene Einödbauern in Handelsstädten? Natürlich nicht. Und was es z. B. auf sich hat Stämme, die an das Klima und die Lebensverhältnisse größerer Höhenlagen angepaßt sind, zwangsweise in eine Niederung zu versetzen, das haben mittelamerikanische Regierungen an Indianern erfahren: tausende von Menschen, deren anlagemäßige Leistungsfähigkeit so in ein Mißverhältnis zu den Forderungen der (neuen) Umwelt geraten war, haben die verfehlten Versuche mit dem Leben bezahlt. Die Kolonialgeschichte, aber auch die Geschichte der Völker in Europa, liefert ähnliche Beispiele in Menge.

[1]) Vgl. Tafel IX der rassenkundlichen Schausammlung.

Wirkt also die örtliche Siebung darauf hin: daß im Großen und Ganzen jeder an der Stelle des Erdbodens stehe, wo er am besten hinpaßt, so verursachen andere Siebungsvorgänge eine Schichtung und Sortierung der Bevölkerung[1]) ein und desselben Wohngebietes. Weder die durchschnittliche Erbbeschaffenheit der verschiedenen Berufsgruppen noch diejenige verschiedener Gesellschaftsschichten noch diejenige verschiedener Anschauungsgemeinschaften ist gleich. Die natürlichsten Gesetze der Welt sorgen dafür, daß im Allgemeinen und von unglücklichen Ausnahmen abgesehen Menschen ohne jede Veranlagung zu Handfertigkeiten, Technik und Praxis keine technischen Berufe haben, daß Schwächlinge nicht Grobschmiede, Stimmlose oder Unmusikalische nicht Opernsänger, Farbenblinde nicht Maler, Schwindelige nicht Dachdecker, schlechte Wirtschafter und Rechner nicht Kaufleute werden oder bleiben. Vielfach denkt man an diese Dinge nur deshalb zu wenig, weil sie so selbstverständlich aussehen. Und doch wird das Selbstverständlichste in der Regel nicht richtig erkannt. Man nimmt etwa „selbstverständlich" an, ein schwächlicher Schneider sei schwächlich, weil er Schneider sei, obwohl es näher läge zu fragen, ob er nicht vielleicht Schneider wurde, weil er (anlagemäßig) schwächlich war. Man lobt die gesunde Arbeit des Gärtnerberufes, wenn man einen kräftigen Gärtner sieht und wundert sich, wie breit und fest das Seemannsleben mache; würde man Eltern und Geschwister dieser Leute seehen, so

[1]) Vgl. Tafel IX der rassenkundlichen Schausammlung.

würde man in den allermeisten Fällen erkennen, daß sie den besten Teil ihrer Kraft und Gesundheit schon mitgebracht haben müssen.

So ist die Welt der Siebungserscheinungen ein Gebiet, das sich dem Verständnis leicht auftut, wenn man sich mit dem oberflächlichen Schein der Dinge nicht zufrieden gibt, sondern der Sache auf den Grund geht. Dabei muß man weiter bedenken, daß auch Ehen nicht wahllos zwischen beliebigen Menschen geschlossen werden, ja daß es nicht einmal großer Entfernungen, starker Abgeschlossenheiten, gesellschaftlicher Kasten usw. bedarf, um bestimmte Bevölkerungsgruppen zur Ehe untereinander zusammen zu halten, andere scharf voneinander zu trennen. Da sind viele herkömmliche Schranken, Besitz, Stand, Wirtschaftsinteressen, gemeinsame oder entgegengesetzte Anschauungen, religiöse Bekenntnisse usw., die für und wider die Verbindungen bestimmter Art sich auswirken. Die Völkerkunde lehrt solche Dinge aus dem bunten Leben der ganzen Welt in fast unerschöpflicher Fülle. Ihre lebensgesetzliche Bedeutung aber liegt darin, daß sie Strombetten oder trennende Wälle, Wege oder Hindernisse sind für den Lauf der Erbanlagen in den Millionenbevölkerungen der Menschheit.

Nun kann es zwar wohl sein, daß die Träger bestimmter Erbmassen die Stelle finden — sei es mit ruhigeren, sei es mit bewegteren Lebensschicksalen —, wo sie an der rechten Stelle stehen, d. h. mit den Forderungen ihrer Umwelt, ihres Wohngebietes, des Klimas, der Ernährung, ihrer Berufsarbeit, ihrer geistigen Bedürfnisse in Einklang leben, weil sie die dafür geeigneten Erbanlagen haben und also die Forderungen erfüllen können. Wie aber, wenn ein Rest verbleibt, der nicht aufgeht, eine Forderung, die nicht erfüllt und den Umständen nach auch nicht umgangen werden kann? Auch auf diese Frage ist die Antwort leicht zu finden: solche Menschen werden geringere Erhaltungsaussichten haben als andere, besser angepaßte. Das muß sich keineswegs sogleich darin äußern, daß sie selbst in ihrem Leben ernstlich bedroht sind. Sofern trotzdem ihre Fortpflanzung ausreichend gesichert wäre, würde die individuelle Lebensgefährdung für den Verbleib, die weitere Erhaltung oder die Ausmerze ihrer Erbanlagen nicht einmal entscheidend sein. Dagegen wird die dauernde Erhaltung der Erbanlagen gefördert oder beeinträchtigt, wenn sich ihre Träger durchschnittlich stärker oder schwächer fortpflanzen als die Träger anderer Erbmassen. Und dies, die Auslese (relative Vermehrung oder Verminderung im Gesamtbestand der Bevölkerung) ist das Mittel der Natur zur (dauernden) endgültigen Anpassung. Die Siebung bewirkt gewissermaßen nur eine Vorsortierung. Die Auslese entscheidet über Leben und Tod der Erbanlagen[1]). Ohne Auslese keine dauernde Anpassung, ohne Anpassung keine Menschheitsgeschichte. Denn anders würden die Geschicke der Völker, die Erscheinungen der Kultur, die Zeiten und Erdteile erfüllenden Taten von Menschen nicht das geprägte Bild der Geschichte darbieten, sondern einem Durcheinander vergleichbar sein, in dem alles zu jeder

---

[1]) Vgl. Tafel XII der rassenkundlichen Schausammlung.

Zeit und an beliebigem Ort möglich und verwirklicht wäre. Auch das, was man Entwicklung nennt, wäre ohne die herrschenden Lebensgesetze nicht denkbar.

Erscheinungen der Auslese treten uns überall entgegen, wo wir die Stärkeverhältnisse verschiedenbeanlagter Menschen in aufeinander folgenden Generationen kritisch betrachten. Könnte man anstelle der Menschen ihre einzelnen Erbanlagen mit Namen belegen, die eine Meier, die andere Huber, eine dritte Schulze und noch ein paar andere Schmid, Baumann und Gruber taufen, so könnte man an mancher Bevölkerung deutlich sehen, wie sie z. B. um 1880 zur Hälfte aus „Meier", zu je einem Zehntel aus „Schmid" und „Gruber", im verbleibenden Rest aus den übrigen Namen zusammengesetzt war, heute aber etwa zu Dreiviertel „Baumann" enthält und nur noch wenige „Meier", „Schmid" und „Gruber". Und man würde also fragen, wo denn nur die Meiers geblieben sein mögen. Ein Blick auf die Standesamtsregister würde dann zeigen können, daß immer weniger Kinder mit den Meieranlagen geboren und großgezogen wurden, daß ein ungewöhnlich großer Prozentsatz von Kindern mit Schmid-Anlagen früh gestorben seien, daß hingegen sehr viele Träger der Baumann-Anlagen früh geheiratet, besonders häufig wieder Frauen mit denselben Anlagen geheiratet und in einer langen Ehe viele lebenskräftige Kinder der Baumann-Anlagen gezeugt haben usw.

Solche Aufschlüsse liefert in der Tat ein gründliches Studium familiengeschichtlicher Akten, wenn man es auf ganze Bevölkerungen ausdehnt. Kirchenbücher, Standesamtsregister, Urkunden sprechen mit ihren nüchternen Zahlen, mit „geboren....“, „verehelicht....“, „gestorben....“; eine lebensgesetzlich überaus eindringliche Sprache. Im Strombett eines tausendjährigen Volkes ist ein ewiges Wogen, und was heute dieses Bett füllt, ist dasselbe und doch ganz und gar nicht dasselbe wie vor tausend Jahren: damals war es Ausnahme, heute ist es Regel, damals war es Durchschnitt, heute ist es Seltenheit.

Nicht minder überzeugend wirken die Zahlen statistischer Querschnitte. Wer ein fesselndes Rechenexempel machen will, der notiere einmal aus Volkszählungsergebnissen die durchschnittliche Kinderzahl der Ehen verschiedener Berufsgruppen oder verschiedener Gegenden und kalkuliere dann, wie das gegenseitige Stärkeverhältnis dieser Gruppe in hundert, in zweihundert, in dreihundert Jahren sein müßte, wenn fortab die gleichen Unterschiede der Fortpflanzungsstärke weiter bestehen würden[1]). Freilich muß man, um richtig zu rechnen, auch Sterblichkeitszahlen, Eheschließungsalter und Dauer der Fortpflanzungsperioden berücksichtigen aber alles zusammengenommen läßt nicht den geringsten Zweifel darüber bestehen, daß Auslese immer und fortwährend am Werke ist[2]). In diesen Erscheinungen spiegelt sich das Leben des Volkskörpers, einer vieltausendköpfigen Menschenmenge also, und zwar in Zeiträumen, welche die kleine Spanne eines menschlichen Einzellebens verschwindend klein erscheinen lassen. Denn die

[1]) Vgl. Tafel XI der rassenkundlichen Schausammlung.
[2]) Vgl. Tafel X der rassenkundlichen Schausammlung.

Lebenserscheinungen, mit denen es die Genetik zu tun hat, sind ungleich viel größer und umfassender als die individuellen Lebenserscheinungen am Einzelwesen.

Was aber ist der Enderfolg dieses ewigen Naturspieles um Leben und Tod? Man kann es mit einem Wort sagen: Rasse. Rasse ist das — niemals letzte und immer wieder neue — Ergebnis der Anpassungsvorgänge. Die anpassende Auslese sondert, im Großen gesehen, aus der Menge neu entstehender und abgeänderter Erbanlagen von Generation zu Generation die lebenstauglichen aus, unterdrückt die Erhaltung der minder lebenstauglichen Anlagen und schafft so einen angepaßten Durchschnitt, das bestimmte erbliche Gepräge einer Bevölkerung. Die Auslese schafft also gleichsam wie ein Bildhauer, der von einem Steinblock so viele Splitter, Ecken und Splitterchen abmeißelt, bis nur noch das gewollte plastische Bild steht. Ebenso wie dort können die auslesenden Umwelteinflüsse (Umwelt-„forderungen") das, was am tauglichsten ist, nicht ihrerseits hervorbringen. Sie lassen es nur bestehen. Sie können auch die Entstehung des Untauglichen nicht hindern. Aber sie entfernen das Untaugliche im Laufe kürzerer oder längerer Zeit, wenn es entstanden ist.

Aufgabe der Rassenkunde ist demnach, die Erfolge rassenbildender Auslese, d. h. die durch Auslese in einer Bevölkerung vorzugsweise erhaltenen und deshalb gehäuften Erbanlagen, die Rassen, zu erkennen und ihrem Werden so weit wie möglich nachzuspüren. „Rasse" bedeutet also nicht, wie oft unzweckmäßigerweise gesagt wird, eine Menschenmenge. Mit solcher Vorstellung gelangt man zu keinem rechten Verständnis rassischer Lebenserscheinungen. Rasse besteht aus Erbanlagen und von den Erbanlagen eines einzelnen Menschen gehören diejenigen zu einer Rasse, welche durch Auslese typisch für eine Bevölkerung geworden sind. Es ist selbstverständlich, daß es keinen Sinn hätte, nach bestimmten Rassen, ihrer Beschaffenheit, ihrem Werdegang zu fragen, ehe man über die Grundtatsachen der allgemeinen Rassenkunde (Erblichkeitslehre, Lehre von den Ursachen erscheinungsbildlicher Unterschiede, Lehre von Siebung und Auslese) unterrichtet ist. Aus eben diesem Grund ist die rassenkundliche Schausammlung ausschließlich der Darstellung dieser Grundtatsachen gewidmet. Die Kenntnis von den einzelnen Menschenrassen, die spezielle Rassenkunde soll da zur Darstellung kommen, wo die kulturellen Leistungen einzelner Völker gezeigt werden, also in den verschiedenen völkerkundlichen Abteilungen.

Die allgemeine Rassenkunde hat den Vorzug vor der speziellen Rassenkunde außerdem deshalb, weil sie den engeren Zusammenhang biologischer und kulturgeschichtlicher Betrachtungsweise zum Bewußtsein bringt. Die vorstehende kurze Einführung hat mit dem Hinweis darauf begonnen, daß man über den kulturellen Leistungen der Völker nicht die Menschen vergessen soll, die Schöpfer und Träger dieser Leistungen sind. Die Rassenbiologie lehrt, daß in den körperlichen und seelischen Erbanlagen die Leistungsfähigkeit der Menschen mit mehr oder minder fester Grenze beschlossen ist. Sie lehrt weiter, daß die durchschnittliche (typische) Erbbeschaffenheit einer Bevölkerung ein bildnerisches Werk der auslesenden Umwelt ist. Alles Leben bewegt sich in Vorgängen der gegenseitigen Anpassung, einer Abstimmung von Leistungsforderungen der Umwelt auf gegebene Leistungsfähigkeiten, von richtungslos entstandenen Anlagen auf gegebene Umweltforderungen. Darum ist eine wahre Kulturgeschichte der Völker ohne Rassenbiologie ebensowenig möglich wie eine Rassenbiologie ohne Berücksichtigung der Umwelt, der Lebensbedingungen, der Natur des Landes, der umgebenden Menschen und der künstlichen Erhaltungshilfen.

Wer die Grundtatsachen der allgemeinen Rassenkunde erfaßt hat, wird demnach fragen, welche Mittel dem Beobachter zur Verfügung stehen, wenn er rassischen Lebensvorgängen auf die Spur kommen will. Diese Mittel der Forschung sind in der Hauptsache zählende und rechnende Verfahren, wie ja überhaupt in der Naturforschung die Zahl als das vollkommenste Hilfsmittel zu scharfer Fassung der Beobachtungsgegenstände eine beherrschende Rolle spielt. Aber was wird gezählt? Erscheinungsformen. Was für Erscheinungsformen? In der Hauptsache und ganz vorwiegend körperliche Erscheinungsformen. Diese letztere Antwort hat, so wenig an ihrer Richtigkeit gezweifelt werden kann, etwas Mißliches. Denn sie ist durch Jahrzehnte hindurch falsch verstanden worden. Auch heute glauben noch viele Leute, Rassenkunde sei eine Wissenschaft, die sich ausschließlich mit körperlichen Eigenschaften des Menschen beschäftige. Es muß deshalb nachdrücklich betont werden: das ist ein Irrtum. Der Rassenforscher will letzten Endes nicht wissen, wie groß durchschnittlich die Menschen einer bestimmten Bevölkerung sind, ob sie vorwiegend helle oder dunkle Haare, blaue oder braune Augen, schmale oder breite Nasen haben. Das wäre eine müßige Spielerei, könnte man nicht diese unscheinbaren und an sich unwichtigen Merkmale dazu gebrauchen rassischen Lebenserscheinungen überhaupt erst auf die Spur zu kommen. Das aber ist, wie wir gesehen haben, der Zweck der Forschung. Erbmassen haben zwar keine Namen, heißen nicht Meier, Huber oder Baumann, aber sie haben Kennzeichen in denjenigen Erbanlagen, deren erscheinungsbildliche Ausprägung wenig oder gar nicht von modelnden Umwelteinflüssen gestört wird. Solche Merkmale wählt man sich demnach aus, zählt und verfolgt und vergleicht sie und kann auf diese Weise schließlich zu dem Ergebnis kommen, daß hier in dieser Bevölkerung sichtlich andere rassenbildende Vorgänge am Werk gewesen sein müssen als dort in jener Bevölkerung. Ist man aber erst so weit, so liegt nichts näher als die Vermutung, daß mit diesen oder jenen gleichgültigen, jedoch leicht erkennbaren körperlichen Erbanlagen auch andere lebenswichtige mit ausgelesen worden sein könnten. Denn es geht ja bei der Auslese und Ausmerze nicht um einzelne Erbanlagen, sondern um ganze Erbmassen.

Das kann man am besten an einem Zuchtversuch sehen, den ein berühmter Genetiker mit Weizen angestellt hat. Er wollte nichts als nur Weizen, der möglichst ertragreich und auf leichtem Boden noch mit Roggen konkurrenzfähig sein sollte. Demnach wählte er aus den Pflanzen Jahre und Jahre lang immer nur die ertragreichsten als Saatgut aus. Um die äußeren Merkmale der Pflanzen kümmerte er sich gar nicht. Als das Ziel, eine ertragreiche und anspruchslose Weizenrasse, erreicht war, zeigte sich aber, daß alle Pflanzen dieser Rasse trotzdem auch in äußeren Merkmalen (der Größe und Farbe, der Form und Begrannung usw.) weitgehend einheitlich waren, daß also offenbar die ertragreichen Erbmassen auch durch jene anderen, für den Ertrag scheinbar gleichgültigen Merkmale gekennzeichnet waren. Sehen wir uns in der Tierzucht um, so ist es vielfach ebenso. Der Jäger, der einen reinrassigen Hund haben möchte, weiß natürlich, daß er nichts von der Farbe, von der Zeichnung, vom Behang eines Hundes hat. Und trotzdem hält er darauf, weil er aus Erfahrung weiß, daß die gebrauchswichtigen Eigenschaften des Hundes wie Dressurfähigkeit, Spürsinn, jagdliche Passion usw. in der Regel mit jenen äußerlichen Merkmalen Hand in Hand gehen.

So wählt man also auch in der menschlichen Rassenforschung Kennzeichen aus, deren Erbbedingtheit bekannt und die möglichst leicht feststellbar und zählbar sind. In der Hauptsache sind dies Merkmale des Kopfes und des Gesichtes, der Nase, der Lippen, Maßverhältnisse des Körpers, vor allem auch Farbe der Haare, der Augen und der Haut, Form und Wuchs des Haares und dergleichen mehr. Solche Merkmale[1]) müssen nun vor allem richtig beobachtet werden. Vieles läßt sich mit be-

[1]) Dargestellt in der unteren Abteilung der rassenkundlichen Schausammlung.

sonderen Instrumenten einigermaßen exakt messen, so daß subjektive Täuschungen ausgeschlossen sind. Anderes (wie z. B. Farben) wird mit bestimmten Tafeln und Skalen verglichen. Gute Beobachtung verlangt aber vor allem eine Kenntnis dessen, was an Merkmalsausprägungen überhaupt vorkommt. Man muß sehen lernen, gut beschreiben können und immer und immer wieder vergleichen um sich die Unterschiede einzuprägen.

Dabei ist es außerdem wichtig zu lernen, daß es nur ganz wenige Merkmalsausprägungen gibt, welche streng auf einige wenige Bevölkerungen beschränkt sind. Im allgemeinen kommt fast alles überall vor. Wir finden z. B. in niederdeutschen Bevölkerungen gelegentlich Gesichter, die so kurz und breit sind, wie die kürzesten und breitesten Gesichter irgendwelcher Ostasiaten. Wir finden in Mittelmeerbevölkerungen gelegentlich Hautfarbenschattierungen, die dunkler sind als die durchschnittlichen Tönungen mancher Indianerstämme. Wir finden mitten unter unseren Landsleuten Grade von Vorkieferigkeit, welche an das erinnern, was bei Negern typisch ist, und Körpergrößen, welche hinter dem Durchschnitt kleinster Bevölkerungen zurückbleiben.

Nun wäre nichts verkehrter als die Annahme, jede solche Merkmalsausprägung habe rassenkundliche Bedeutung. Das entspricht zwar der landläufigen Meinung, ist aber nichtsdestoweniger ebenso verkehrt, wie wenn man glauben wollte, jede langhaarige Katze müsse einen „Angora-Einschlag“ haben oder in der Ahnenreihe eines Windspiels mit unvorschriftsmäßig kurzer Schnauze müsse irgendwo ein Mops versteckt sein. Man braucht sich nur an das zu erinnern, was oben von Erbänderungen berichtet worden ist, um den Unsinn solcher Deutungen und „Diagnosen“ einzusehen. Außerdem aber — und das ist wichtiger — gibt es natürlich nirgendwo in der Natur eine Rasse, deren Träger einander alle gleichsehen wie ein Ei dem anderen. Denn so scharf arbeitet die Auslese nicht. Sie vernichtet nicht alle Erbmassen bis auf eine einzige, sondern sie führt nur zu einer verhältnismäßigen Anhäufung (verhältnismäßig stärkeren Fortpflanzung) einer oder einiger Erbmassen.

Es kommt demnach nicht darauf an, was für Merkmale in einer Bevölkerung überhaupt anzutreffen sind[1]), sondern darauf, was in der betreffenden Bevölkerung am häufigsten vorkommt. Man muß also das Typische einer Menschengruppe sehen lernen. Beschränkt man sich jedoch nur auf Sehen und Beobachten, so sind Täuschungen geradezu unvermeidlich. Kein Mensch, und sei er der beste Beobachter, kann sich ganz davor bewahren, dem Auffälligen mehr Aufmerksamkeit zuzuwenden als dem (nicht auffälligen) Typischen. Das Auffällige, Besondere prägt sich meist auch dem Gedächtnis viel tiefer ein als das Gewöhnliche. So bleibt nur Eines: planmäßig zählen, messen, rechnen. Ist dabei der Plan, die Methode richtig, so muß das Ergebnis zuverlässig sein. Was bloß auf „Eindrücken“ beruht, ist unzuverlässig, wissen-

[1]) Die rassenkundliche Schausammlung zeigt, daß man die allermeisten Merkmalsausprägungen an Beispielen aus der niederdeutschen — ebenso aus einer beliebigen anderen Bevölkerung — darstellen kann.

schaftlich also noch ungenügend und nicht fähig, irgendwelche Schlußfolgerungen zu tragen.

Die ungeheure Mannigfaltigkeit menschlicher Merkmale hat ihren Hauptgrund in der von Generation zu Generation erfolgenden Neukombination der Erbanlagen. Die Erblichkeitsforschung hat aufgedeckt, daß zwar die einzelnen Erbanlagen von den Eltern auf die Kinder übergehen, daß die Anordnung dieser Bausteine im Gefüge der Erbmasse aber immer wechselt. Es ist meist nicht einmal so, daß man beispielsweise sagen könnte: Nase vom Vater, Lippen von der Mutter. Weit öfter muß man feststellen, daß dieses wie jenes Merkmal zum Teil an den Vater, zum Teil an die Mutter erinnere, weil jedesmal Erbanlagen vom Vater und von der Mutter zu einem neuen Gefüge zusammentreten und dieses Gefüge ist so gut wie nie eine genaue Wiederholung dessen, was bei Vater oder Mutter da war. Es kann vielmehr auch ein Erscheinungsbild bewirken, das (nicht trotz der Vererbung, sondern gerade wegen der Vererbung) ganz anders aussieht, unter Umständen sogar an weit abliegende Erscheinungsformen ganz anderer Stämme gemahnt.

Alles dies kann man lernen, wenn man mit genetischen Kenntnissen an die Betrachtung der Merkmalsmannigfaltigkeit herangeht. Man erkennt dann wohl auch, daß es leichtfertig ist und jedes sachlichen Ernstes entbehrt, mit ein paar halben Vorstellungen von Rassenmerkmalen zu reden, an Bildern herumzudeuten und sogenannte „Diagnosen" zu stellen. Jeder Versuch, die Rasse eines bestimmten Menschen anzugeben, ist eine ziemlich verwickelte Wahrscheinlichkeitsrechnung, die mit einem guten Überblick über alle rassischen Lebenserscheinungen, aus dem, was man an einem Menschen sieht, und aus dem, was man von ihm, seiner Herkunft usw. weiß, herauskalkuliert, wie es sein könnte. Es ist zwar nicht so, daß „man" solche Versuche nicht anstellen könnte. Man kann es vielmehr in einer ähnlichen Weise, wie man, wenn man Versicherungsrechnung und Versicherungserfahrung beherrscht, angeben kann, ob, das heißt mit welcher Wahrscheinlichkeit ein bestimmtes Haus in Hamburg in den nächsten zehn Jahren Brandschaden erleiden wird. Ist die Brandgefährdung des fraglichen Objektes außergewöhnlich groß, so wird man die Frage u. U. mit einer ebenso großen Wahrscheinlichkeit bejahen können, wie die Frage, ob ein großer langbeiniger, dunkelhäutiger Mensch mit krausem schwarzen Haar, vorkieferigem Gesicht, breiter platter Nase und dunkelbraunen Augen negrider Rasse sei.

Nicht anders steht es bei dem Schluß von körperlichen auf seelische Rasseneigenschaften. Zwar sterben allem Anschein nach die Leute nicht ganz aus, die da glauben, „Energie" sei an der Ausprägung des Kinnes kenntlich, weil da „der Sitz der Energie" zu suchen sei, und es gibt leider mehr als zuviel landläufige Schriften, in denen von allen möglichen — meist noch dazu ganz oder teilweise erdichteten — sogenannten Rassenbildern Gutes und Schlechtes in erstaunlicher Reichhaltigkeit zu lesen steht. Aber es ist trotzdem möglich die Zusammenhänge körperlicher und seelischer Rasseneigenschaften auch auf solider Grundlage zu verfolgen und schließlich zu dem Ziel zu kommen, welches der rassenkundlichen Forschung gesteckt ist. Die großen Linien dieses Bildes lassen sich heute schon erkennen, wenn man z. B. die örtliche Verteilung von körperlichen Rassenmerkmalen mit der örtlichen Verteilung verschiedener Kulturen vergleicht. Zusammen mit der völkerkundlichen Forschungsarbeit wird dieses Bild mehr und mehr ergänzt und ausgestaltet werden können. Wer sich ernstlich für die Anfänge interessiert, muß aber vorerst zu fachwissenschaftlichen Schriften greifen. Denn für Darstellungen, die sich an die breitere Öffentlichkeit wenden, ist nur das Gesicherte, wenigstens annäherungsweise Ganze gut genug.

Werke zum Studium der allgemeinen Rassenkunde:

„Anthropologie" in „Die Kultur der Gegenwart", 3. Teil, 5. Abteilung; herausg. von G. Schwalbe und E. Fischer. Leipzig und Berlin 1923. (Einführung in die Anthropologie von E. Fischer, Darstellung der Untersuchungstechnik und Methodik von Th. Mollison, Besprechung der rassenkundlich wichtigen Merkmale von Fischer und Mollison, Abriß der Rassenbiologie und der speziellen Rassenkunde von Fischer, Abstammungslehre von G. Schwalbe. In demselben Band Praehistorie von Hoernes, Ethnologie von Graebner und Sozialanthropologie von Ploetz. Sehr reichhaltiges Werk, aber teilweise überholt und nicht einheitlich.)

Baur, E., Fischer, E. und Lenz, F., Menschliche Erblichkeitslehre und Rassenhygienie. 3. Aufl. München 1927. (Führendes Werk. Ausgezeichnete

Einführung in die Rassenbiologie mit besonderer Berücksichtigung der Rassenhygiene.) — — Fischer, E., Rasse und Rassenentstehung beim Menschen, Berlin 1927. (Kurze gemeinverständliche Darstellung.) — Scheidt, W., Rassenkunde, Bd. I Allgemeine Rassenkunde. München 1925. (Geschichte der Rassenkunde; Erblichkeit, Vielgestaltigkeit und Auslese beim Menschen; Rassenbegriff; Rassenvermischung; mit ausführlichem Literaturverzeichnis.) — Scheidt, W., Rassenforschung. Eine Einführung in rassenkundliche Methoden. Leipzig 1927. (Methodenlehre mit Ausschluß der Technik). — Siemens, H. W., Grundzüge der Vererbungslehre, der Rassenhygiene und der Bevölkerungspolitik. 3. Aufl. München 1926. (Kurze, sehr gute gemeinverständliche Einführung.) —

FSC
www.fsc.org
MIX
Papier | Fördert
gute Waldnutzung
FSC® C083411

Zeitfracht Medien GmbH
Ferdinand-Jühlke-Straße 7
99095 Erfurt, Deutschland
produktsicherheit@kolibri360.de